BEI GRIN MACHT SICH IHR WISSEN BEZAHLT

- Wir veröffentlichen Ihre Hausarbeit,
  Bachelor- und Masterarbeit

- Ihr eigenes eBook und Buch -
  weltweit in allen wichtigen Shops

- Verdienen Sie an jedem Verkauf

Jetzt bei www.GRIN.com hochladen
und kostenlos publizieren

Bibliografische Information der Deutschen Nationalbibliothek:

Die Deutsche Bibliothek verzeichnet diese Publikation in der Deutschen National-
bibliografie; detaillierte bibliografische Daten sind im Internet über http://dnb.d-
nb.de/ abrufbar.

Impressum:

Copyright © 2004 GRIN Verlag, Open Publishing GmbH
Druck und Bindung: Books on Demand GmbH, Norderstedt Germany
ISBN: 9783640535682

Dieses Buch bei GRIN:

http://www.grin.com/de/e-book/143651/industrielle-standortfaktoren-in-der-
industriegeographie

Dagmar Götz

Ausgewählte wissenschaftliche Arbeiten und geographische Texte zur Kultur-, Tourismus- und Wirtschaftsgeographie

Band 2

Industrielle Standortfaktoren in der Industriegeographie

Neubewertung ihrer Raumwirksamkeit im Postfordismus

GRIN Verlag

Industrielle Standortfaktoren in der Industriegeographie

Neubewertung ihrer Raumwirksamkeit im Postfordismus

Dagmar M. Götz

INHALTSVERZEICHNIS

1.　EINLEITUNG

Wirtschaftsgeographische Fragestellungen beschäftigen sich mit der Beschreibung, Erklärung und abschließenden Bewertung des Wirtschaftsraumes und seiner Akteure, der räumlichen Ordnung sowie der Organisation von Wirtschaftsunternehmen.

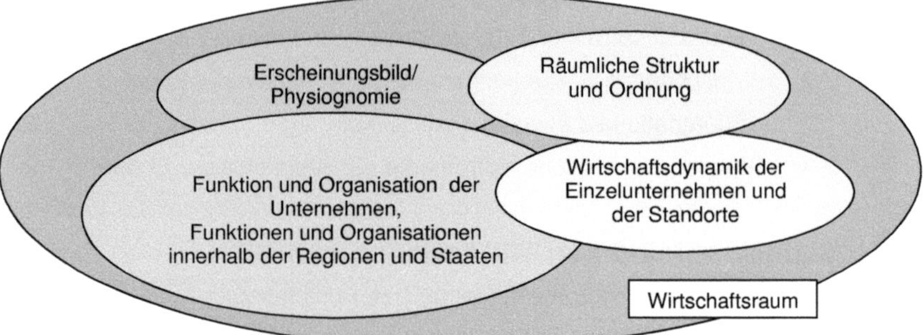

Abb. 1: Der Wirtschaftsraum und seine Funktionen (GÖTZ 2009)

Der Wirtschaftsraum wird als Wirkungsfeld ökonomisch, sozial oder psychologisch motivierter Akteure des Wirtschaftslebens gesehen. Spezifische naturräumliche Bedingungen und genetisch entwickelte Nutzungen kennzeichnen den Wirtschaftsraum als individuellen Strukturraum. Seine funktionalen Verflechtungen werden durch restriktive Modelle auf Regelhaftigkeiten untersucht; Standortstrukturen und Entwicklungstheorien sind hierbei wichtige Erklärungsansätze (vgl. WAGNER 1981: 15ff).

Die Industriegeographie als Teilbereich der Wirtschaftsgeographie analysiert und bewertet spezifische Standortstrukturen und Standortprozesse, Verflechtungen, Entscheidungsfaktoren sowie Einflussfaktoren und deren Raumwirksamkeit (MAIER/BECK 2000: 9ff).

Die für den Erfolg eines Unternehmens entscheidenden Standortfaktoren und ihre Raumwirksamkeit im Zeitalter des Postfordismus werden im Rahmen dieser Arbeit vorgestellt, analysiert und bewertet.

2. EINORDNUNG UND DEFINITION VON INDUSTRIE, DEFINITION WIRTSCHAFTSGEOGRAPHIE

Seit CLARK (1940) wird die Gesamtwirtschaft in drei Sektoren gegliedert, die Industrie mit ihren Branchen wird dem sekundären Sektor zugeordnet:

1) Primärer Sektor:

   Beispielsweise Landwirtschaft, Waldwirtschaft, Fischerei oder Bergbau.

2) Sekundärer Sektor:

   Industrielle Bearbeitung und Verarbeitung von Rohstoffen, Energiewirtschaft, Bauwesen, Handwerk.

3) Tertiärer Sektor:

   Immaterielle Dienstleistungen - beispielsweise Banken, Versicherungen, Medien, Gesundheitswesen, kulturelle Einrichtungen.

2.1 Der Begriff „Industrie"

Die Industrie (*lat.* industria: Unternehmungslust, Fleiß) als Teilbereich der Wirtschaft, ist gekennzeichnet durch die Produktion oder/und Weiterverarbeitung von materiellen Gütern vor allem in Fabriken. Dies ist verbunden mit einem hohen Grad an technischer Ausrüstung zur Automatisierung des Produktionsprozesses.

Industrielle Produktionsformen kamen erstmalig zu Beginn des 19. Jh. in England auf, seither wird von der Industrialisierung oder, im geschichtlichen Kontext, von der Industriellen Revolution, gesprochen.

Nach WESTERMANNS LEXIKON DER GEOGRAPHIE (1968: 527) versteht man unter dem Begriff Industrie die „Stoffliche Umformung, Bearbeitung und Verarbeitung von Roh- und Hilfsstoffen zur Erzeugung von Halb- und Fertigfabrikaten. Im Gegensatz zum Handwerk vollzieht sich industrielle Tätigkeit in der Regel unter relativ hohem Kapitaleinsatz (Automatisierung) und bei weitgehender Arbeitsteilung mit dem Ziel, große Serien zu erzeugen (Massenfertigung). Auf Grund dieser Merkmale sind zur industriellen Produktion meist mehr oder weniger große Betriebseinheiten notwendig."

2.2 Definition Wirtschaftsgeographie nach L. SCHÄTZL

„(…). Ausgehend von obigen Ergebnissen lässt sich Wirtschaftsgeographie definieren als die Wissenschaft von der räumlichen Ordnung und der räumlichen Organisation der Wirtschaft. Sie stellt sich (...) die Aufgabe, räumliche Strukturen und ihre Veränderungen - aufgrund interner Entwicklungsdeterminanten und räumlicher Interaktionen - zu erklären, zu beschreiben und zu bewerten.

Dabei sind die Verteilung ökonomischer Aktivitäten im Raum (Struktur), die räumlichen Bewegungen von Produktionsfaktoren, Gütern und Dienstleistungen (Interaktion) sowie deren Entwicklungsdynamik (Prozess) als interdependentes Raumsystem zu verstehen." (SCHÄTZL 2001: 20f)

3. STANDORTTHEORIEN

Aus der Vielzahl der theoretischen Ansätze werden die klassischen Theorien von WEBER und LÖSCH, das Wirtschaftsstufenmodell von ROSTOW, dynamisch-zyklische Erklärungsmodelle und ein dynamisch-evolutionäres Konzept vorgestellt.

3.1 Die klassischen Standorttheorien von WEBER und LÖSCH

Ausgangspunkt beider Theorien sind Unternehmen in einer Wirtschaftsordnung mit Privateigentum an Produktionsmitteln, die nur durch Materialverflechtungen mit anderen Standorten verbunden sind. Der optimale Produktionsstandort der Unternehmen soll erfasst werden (MAIER/BECK 2000: 84).

3.1.1 Die Industriestandorttheorie nach A. WEBER (1909)

WEBER (1909) ging in seiner Theorie von folgenden fiktiven Voraussetzungen aus:

- Die Standorte der Rohmaterialien sind bekannt und gegeben.
- Die räumliche Verteilung des Konsums ist bekannt und gegeben.
- Es existiert ein einheitliches Transportkostensystem, Transportkosten werden als Funktion von Gewicht zu Entfernung betrachtet.
- Die Arbeitskräfteverteilung im Raum ist bekannt u. gegeben; immobile Arbeitskräfte, räumlich differenzierte Lohnhöhe, bei gegebener Lohnhöhe sind Arbeitskräfte unbegrenzt verfügbar.
- Unterstellt wird zudem eine wirtschaftliche, politische und kulturelle Homogenität des Systems.

Kostenvorteile für die Industrie ergeben sich insbesondere durch drei Standortfaktoren: Transportkosten, Arbeitskosten und Agglomerationswirkungen.

Die Transportkosten sind umso geringer je idealer der so genannte „tonnenkilometrische Minimalpunkt" gewählt wird, da dieser dem idealen Produktionsstandort entspricht.

Die Standortbestimmung ist abhängig von der Art und Form der eingesetzten Materialien. Unterschieden wird in „ubiquitäre Materialien", welche an jedem Standort gewonnen werden können und in „lokalisierte Materialien", die sich einteilen lassen in Reingewichtsmaterialien wie etwa Mineralwasser und Gewichtsverlustmaterialien wie Kohle, Öl oder Erz.

Je nach Höhe des errechneten Materialindexes (Materialindex = Gewicht lokalisierter Materialien zu Gewicht der Fertigerzeugnisse) ergeben sich drei Produktionsstandorte:

a) Am Fundort der Rohmaterialien M   (Materialindex > 1)

b) Am Konsumort K   (Materialindex < 1)

c) Ort zwischen M und K   (Materialindex = 1)

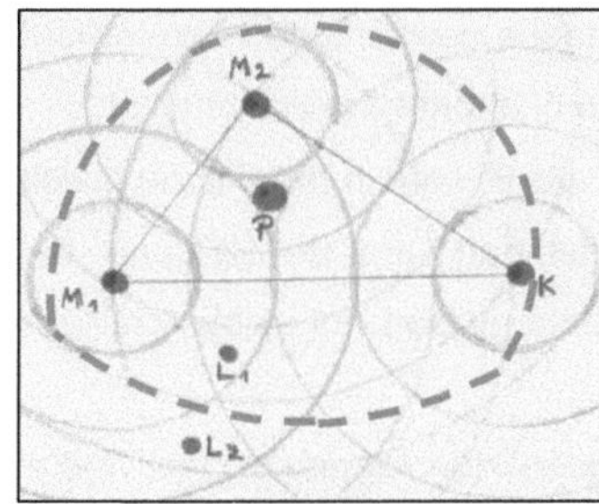

Abb. 2: Standortwahl in der Industrie und Arbeitskosten. (Darstellung nach SCHÄTZL 2001: 44)

Eine Standortverlagerung weg vom tonnenkilometrischen Minimalpunkt P ist durch niedrigere Arbeitskosten und weitere Agglomerationsvorteile möglich. Die Transportkosten werden durch Kreise, die jeweils eine Kosteneinheit repräsentieren, um die Materialfundorte M 1, 2 und den Konsumort K dargestellt. Die Arbeitskosten seien an den Standorten L1 und L2 geringer. Diese Standorte kommen dann in Frage, wenn der Transportkostenmehraufwand durch niedrigere Arbeitskosten kompensiert wird bzw. sogar Kostenvorteile generiert. Dies ist am Standort L1 möglich, L2 erfüllt die Bedingungen im Beispiel nicht mehr, kommt also als Standort nicht in Frage (vgl. SCHÄTZL 2000: 44).

Kritik am Modell von Weber:

- Vorgegebene menschliche rationale Verhaltensnormen (homo oeconomicus) ohne historischen Bezug und ohne Bezug zu den tatsächlich eingetretenen Entwicklungen.
- In der Theorie werden ausschließlich Transport- und Arbeitskosten sowie Agglomerationsvorteile berücksichtigt. Aspekte wie Monopolisierungs- grad, Kapitalkonzentration, Organisationsform des Betriebes, Arbeitskosten in Niedriglohnländern oder Verhaltenseigenschaften der Unternehmer, die zu ökonomisch wie ökologisch begründeten Standortentscheidungen führen können, werden ausgeklammert (vgl. MAIER/BECK 2000: 84ff).

3.1.2 Theorie der Marktnetze nach LÖSCH (1944)

LÖSCH (1944) versuchte mit seinem Modell die räumliche Verteilung von Produktionsstandorten und Produktspezialisierung zu erklären. Es zeigen sich im Ansatz gewisse Parallelen zu CHRISTALLERS Theorie der zentralen Orte (1933). Bestimmendes Merkmal der Standortstruktur ist die ökonomische Rationalität:

- Produktions- und Nachfragefunktionen sind für alle Punkte in der Fläche gleich.
- Produktionsfaktoren (z. B. Rohstoffe, Arbeitnehmer) und Bevölkerung sind gleichmäßig verteilt. Es besteht kein Kaufkraftunterschied, es existieren keine Kundenpräferenzen.
- Jeder Anbieter produziert nur ein Gut, die Transportbedingungen sind überall gleich.

Das System befindet sich unter folgenden Voraussetzungen in räumlichem Gleichgewicht:

- Standortwahl der Anbieter und Nachfrager erfolgt nach dem Prinzip der Gewinn- bzw. Nutzenmaximierung. Die Gesamtfläche ist mit Gütern zu versorgen.
- Extra-Gewinne sind zu vermeiden, die Preise der Güter sollen den Kosten gleich sein, es herrsche vollkommene Konkurrenz.
  Die Größe der Wirtschaftsgebiete ist zu minimieren.
- Jeder Konsument kauft am nächstgelegenen Angebotsort.

Die Bewohner der homogenen Fläche produzieren über den Eigenbedarf hinaus Güter unterschiedlicher Reichweite. Die Marktgebiete (aneinander liegende regelmäßige Hexameter) aller Güter erstrecken sich über die Gesamtfläche, pro Gut entsteht ein „Marktnetz" mit einer bestimmten Maschengröße. Die Marktnetze werden übereinander gelegt und so lange um einen gemeinsamen Mittelpunkt rotiert, bis sich maximal viele Standorte überlagern. Auf diese Weise entstehen je sechs Sektoren mit hoher bzw. niedriger Standortdichte.

Faktoren wie Preis–/Produktdifferenzierungen führen zu Abweichungen vom Idealbild einer Wirtschaftslandschaft. Das System der Marktnetze sollte Orientierungshilfe für regionalpolitische Entscheidungen bieten (vgl. SCHÄTZL, 2001: 84ff).

Kritik am Modell von Lösch:

* Entscheidende Determinanten wie Faktorwanderungen, Güterbewegungen, Ersparnisse, Kundenverhalten werden nur unzureichend berücksichtigt (vgl. MAIER/BECK 2000: 89ff).

3.2   Wirtschaftsstufentheorie nach ROSTOW (1960)

ROSTOW (1960) unterteilte den Ablauf des nationalen Wirtschaftswachstums in fünf Stadien und ging dabei davon aus, dass historische wie aktuelle Nationen einem dieser Entwicklungsstadien zugeordnet werden können:

1. Traditionelle Gesellschaft: Hoher Anteil Erwerbstätiger in der Landwirtschaft, niedrige Produktivität. Tradierte konservative gesellschaftliche Elemente herrschen vor (Sohn übt den gleichen Beruf aus wie schon der Vater, etc.).

2. Übergangsperiode: Impulse aus weiter entwickelten Gesellschaften wie Erfindungen, risikobereite Unternehmer, Investitionszunahme in Landwirtschaft und Industrie, politische und wirtschaftliche Veränderungen, wachsender Außenhandel. Die Impulse können eine Gesellschaft exogen beeinflussen, oder, wie bei früheren Kolonialisierungen, in diese hineingetragen werden.

3. Aufstiegsperiode: Neue Produktionstechniken, hohe Wachstumsraten in wesentlichen industriellen Sektoren, stärker ansteigende Investitionsquoten als in der Übergangsphase, gesellschaftliche Veränderungen, neue politische Organisationsformen.

4. Reifestadium: Neue Wachstumsbranchen mit hoher Investitionsquote, steigendes Pro-Kopf-Einkommen. Das Reifestadium wird ca. 60 Jahre nach Beginn der wirtschaftlichen Aufstiegsperiode erreicht. Die stetig wachsende Wirtschaft nutzt moderne Technik in möglichst vielen Bereichen, neue

Industriezweige entstehen. Die Importrate sinkt, da vieles im eigenen Land produziert werden kann. Die Exportrate dagegen steigt an. Die wirtschaftliche Aufstiegsperiode der USA, Frankreichs und Deutschlands wurde u. a. etwa durch den Bau des Eisenbahnnetzes befördert.

5. Zeitalter des Massenkonsums: Starke Konsumorientierung auch von Luxusgütern, Tertiärisierung, Rückgang des sekundären Sektors, Wohlfahrtsstaat, in welchem die soziale Sicherheit Vorrang genießt.

   In den USA setzte dieser Prozess mit der Erfindung des Fließbands von *Henry Ford* 1913/14 ein. In den 50er Jahren traten Westeuropa und Japan in diese Phase ein.

Das wirtschaftliche Wachstum beginnt also zunächst langsam, beschleunigt sich, wächst überproportional um dann auf einer bestimmten Einkommenshöhe auszuklingen (vgl. SCHÄTZL 2001: 171ff).

3.3 Zyklisch-dynamische Erklärungsansätze

Hier wird davon ausgegangen, dass grundlegende technische Neuerungen, so genannte Basisinnovationen, in Zyklen Wachstumsschübe und damit einen wirtschaftlichen Strukturwandel initiieren, der sich auch in der Raumentwicklung niederschlägt (vgl. SCHÄTZL 2001: 209).

Wichtige Theorien sind die „Theorie der Langen Wellen", die „Produktlebenszyklustheorie" und dynamisch-evolutionäre Konzepte, von welchen das Konzept der regionalen Kompetenzzentren vorgestellt wird. Betriebswirtschaftlich werden diese Theorien vielen Szenarien zukünftiger Entwicklungsmöglichkeiten der Betriebe zugrunde gelegt.

3.3.1 KONDRATIEFF`S Theorie der Langen Wellen (1926)

KONDRATIEFF (1926) vertrat die Theorie, dass technologische Innovationen und Investitionen in Kapitalgüter zyklische Schwankungen in der Wirtschaftsentwicklung kapitalistischer Industrieländer initiieren. SCHUMPETER (1939) leistete den entscheidenden Beitrag zur Entwicklung der Theorie der langen Wellen, indem er den dynamischen Unternehmer mit einbezog, welcher die Innovation am Markt durch setzt. Produktart und Produktreife erklären die Zykluslänge.

SCHUMPETER unterschied drei Zyklen:

a) Kitchin-Zyklus, Dauer 40 Monate;

b) Juglar-Zyklus, Dauer 9-10 Jahre;

c) Kondratieff-Zyklus, Dauer 48-60 Jahre.

Neuere historisch-deskriptive Untersuchungen unterscheiden vier lange Wellen. Basisinnovationen lösen den jeweiligen Aufschwung aus.

Der Abschwung tritt bei Erschöpfen der Innovationskraft der neuen Technologie ein, Firmenverkäufe, Fusionen und Zweigwerkgründungen häufen sich.

Außerhalb der Kernregionen liegende Industrien durchlaufen einen „regionalen Wachstumszyklus". Städte/Regionen, die durch Standortvorteile extern entstandene Basisinnovationen durchsetzen, entwickeln sich zu Wachstumsregionen. Die Wachstumsdynamik hält so lange an wie die Produktion dem technischen Fortschritt angepasst werden kann.

Die grundlegenden Innovationen der letzten vier Wellen entwickelten sich in geographisch meist weit von einander entfernten Regionen. Für die fünfte lange Welle wird angenommen, dass sich der asiatische Raum als bedeutendes Innovationszentrum erweisen wird (Abb. 3).

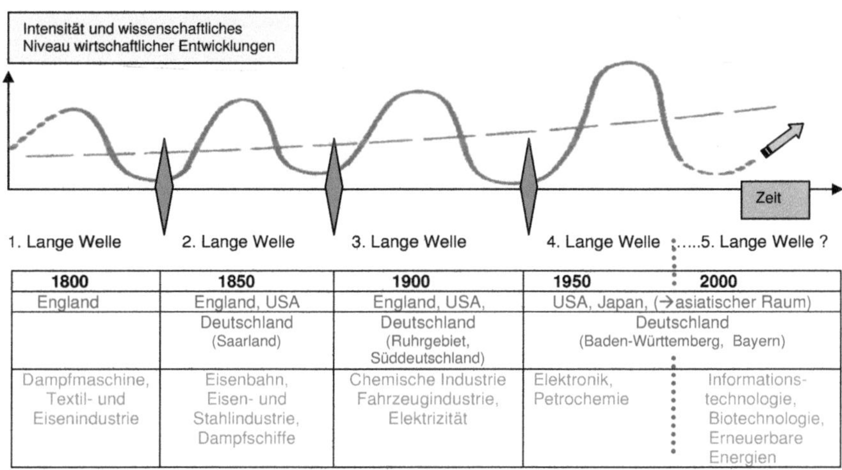

1800	1850	1900	1950	2000
England	England, USA	England, USA,	USA, Japan, (→asiatischer Raum)	
	Deutschland (Saarland)	Deutschland (Ruhrgebiet, Süddeutschland)	Deutschland (Baden-Württemberg, Bayern)	
Dampfmaschine, Textil- und Eisenindustrie	Eisenbahn, Eisen- und Stahlindustrie, Dampfschiffe	Chemische Industrie Fahrzeugindustrie, Elektrizität	Elektronik, Petrochemie	Informationstechnologie, Biotechnologie, Erneuerbare Energien

Abb. 3: Wirtschaftliche Entwicklungen nach dem Konzept der „Langen Wellen".
(GÖTZ 2009, Darstellung in Anlehnung an SCHÄTZL 2001: 219).

Kritik an der Theorie der Langen Wellen:

- Unzulängliche empirische Befunde und theoretischer Erklärungsgehalt.
- Die definierte Gesetzmäßigkeit regelhafter zyklischer Schwankungen kann nicht überzeugend dargestellt werden (SCHÄTZL 2001: 217ff).

3.3.2 Produktlebenszyklustheorie

Produkte besitzen auf dem Markt eine bestimmte Lebensdauer. Im Lauf der Zeit verändert sich das Produkt hinsichtlich Gestaltung, Absatz und Produktionsbedingungen.

Der Produktlebenszyklus lässt sich in vier Stufen gliedern:

I. Entwicklungs- und Einführungsphase, Hochpreisphase bedingt durch Forschungs- und Entwicklungsinvestitionen (FuE-Investitionen).

II. Wachstumsphase, Marktetablierung, Verringerung der Humankapitalintensität, Steigerung der Sachkapitalintensität, steigende Gewinne.

III. Reifephase, ausgereiftes Produkt in Massenproduktion, Marktsättigung. Konkurrenzdruck führt zu Rationalisierungen, abnehmende Gewinne.

IV. Schrumpfungsphase, stark fallende Gewinne, Produkt kann auf dem Markt durch Variationen noch eine zeitlang gehalten werden (Abb. 4).

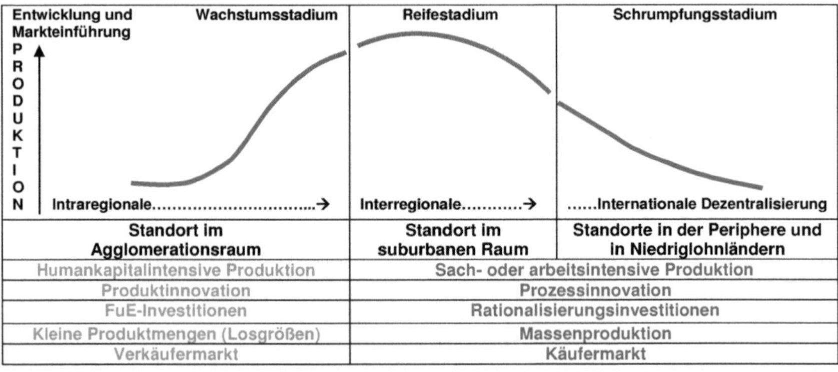

Standort im Agglomerationsraum	Standort im suburbanen Raum	Standorte in der Periphere und in Niedriglohnländern
Humankapitalintensive Produktion	Sach- oder arbeitsintensive Produktion	
Produktinnovation	Prozessinnovation	
FuE-Investitionen	Rationalisierungsinvestitionen	
Kleine Produktmengen (Losgrößen)	Massenproduktion	
Verkäufermarkt	Käufermarkt	

Abb. 4: Der Produktlebenszyklus (Darstellung in Anlehnung an SCHÄTZL 2001: 211)

Der optimale Produktionsstandort innerhalb einer Region verändert sich mit der Zyklusphase des Produkts vom Zentrum der ursprünglichen Produktion und des Absatzes in die Peripherie. Das Land der Produktinnovation erzielt in der frühen Produktzyklusphase hohe Exportüberschüsse, wechselt aber mit fortschreitender Produktreife in die Rolle des Importeurs.

Kritik an der Produktlebenszyklustheorie:

Nicht alle Güter unterliegen einem regionalen Produktzyklus:

- Ricardo-Güter: Ihre Produktion ist an Rohstoffstandorte gebunden.
- Lösch-Güter: Produkte für den lokalen Markt mit zentralem Einzugsbereich.
- Thünen-Güter: Produktionsstandort im Agglomerationsraum, es werden qualifizierte Arbeitskräfte benötigt.
- Transformationsprozess ist in der Realität komplexer, da auch von wirtschaftspolitischer Seite Bestrebungen in Gang gesetzt werden, die Unternehmen im Land zu halten (SCHÄTZL 2001: 210ff).

3.4 Aus den dynamisch-evolutionären Konzepten: Konzept der regionalen Kompetenzzentren

Die räumliche Nähe von Innovationsakteuren ist entscheidend für die Wettbewerbsfähigkeit auf dem Internationalen Markt. In weltweiten Netzwerken als räumliche Schnittstellen der Globalisierung entstehen regionale Kompetenzzentren. Elemente dieser Zentren sind natur-, wirtschaftswissenschaftlich und technisch ausgerichtete Hochschulen sowie FuE-intensive Unternehmen mit internationaler Kompetenz. Kompetenzzentren bzw. deren Akteure gelingt es neue Produkte, Produktionsprozesse und neue Organisationsformen zu schaffen, diese am Markt zu etablieren und die internationale Wettbewerbsfähigkeit zu sichern.

Je nach Gründungsinitiator werden Kompetenzzentren in drei Typen gegliedert:

Science-led: Hierzu gehören Silicon Valley, die Route 128 bei Boston, Cambridge. Die Impulse gingen hier von Spitzenuniversitäten wie Harvard und MIT aus.

Industry-led: Innovativer Kern sind FuE-intensive Großunternehmen. Industrieforschung wird in Kooperation mit der Hochschulforschung betrieben.

Policy-led: Die Politik fördert Kooperationen zwischen Unternehmen und Forschungseinrichtungen. Beispiel: Silicon Glen/Schottland.

Die Kompetenzzentren befinden sich untereinander im Qualitätswettbewerb. Sie unterliegen Wachstumszyklen. Die Wachstumsdynamik der regionalen Wirtschaft, die von diesen Zentren profitiert, hält so lange an, wie innovative Produktionsstrukturen durchgesetzt werden können (SCHÄTZL 2001: 234f).

4. HARTE UND WEICHE STANDORTFAKTOREN

Harte Standortfaktoren beziehen sich auf die vorhandene Infrastruktur, finanzielle Anreize und Verfügbarkeit von Arbeitskräften.
 Sie sind messbar und können durch Kostenvorteile bzw. Kostennachteile dargestellt werden wie z. B. über die Transportkosten, die Nähe zu Rohstoffvorkommen, die Marktnähe oder die Relation von kurzfristigen zu langfristigen Investitionskosten.
Weiche Standortfaktoren - früher den „persönlichen Präferenzen" zugeordnet - werden heute einbezogen und unterteilt in unternehmens- bzw. betriebsbezogene sowie in Personen- bzw. Beschäftigtenbezogene Standortfaktoren.
Bei den weichen unternehmensbezogenen Faktoren sind insbesondere Fühlungsvorteile, also Kontakte zu wichtigen öffentlichen und privaten Institutionen, und das zentralörtliche Niveau wichtig (MAIER/BECK 2000: 96ff).
Abbildung fünf zeigt einen Überblick zu relevanten Standortfaktoren für Unternehmen wie für Arbeitnehmer mit ihren Familien.

	Harte Standortfaktoren	Weiche unternehmens-bezogene Standortfaktoren	Weiche personenbezogene Standortfaktoren
Arbeitsmarkt	Qualifikation der Arbeitnehmer, Lohn- und Gehaltsniveau Fort- und Weiterbildungsmöglich keiten	Qualität der Arbeitsverwaltung	Arbeits- und Karrieremöglichkeiten Entfernung zum Arbeitsplatz Aus- und Weiterbildungsmöglichkeiten
Infra-Struktur **Lage im Raum**	Flächen- und Büroangebot Örtliches Preisniveau für Flächen, Energie und Wasser, Abfallwirtschaft und Umweltschutz, Baulandpreise, Verkehrsinfrastruktur und Erreichbarkeit	Geographische Lage, geopolitische Lage	Mietpreisniveau, Verfügbarkeit Wohnraum, Baulandangebot, Verkehrsinfrastruktur Versorgungsmöglichkeiten Gesundheitsversorgung Bildungsinfrastruktur, Sicherheit. Freizeitinfrastruktur, Erreichbarkeit benachbarter Räume
Image **Erscheinungs-bild**		Image und Erscheinungsbild von Gewerbe- und Industriegebieten, nationale und internationale Ausrichtung, Fortschrittlichkeit	Image und Erscheinungsbild der Siedlungen/Städte, Erholungswert des Umlandes (Klima, Natur, Topographie, etc.), Mentalität der Bevölkerung
Wirtschafts-klima **Wirtschafts-Beziehungen** **Verwaltung**	Umweltschutzauflagen, Steuern u. a. Abgaben, Planungssicherheit, Nähe zu anderen Wirtschaftsakteuren, Nähe zu FuE-Einrichtungen, Qualität der Zusammenarbeit der öffentlichen und wirtschaftlichen Akteure, Subventionen und Fördermittel, wirtschaftspolitisches Klima des Bundeslandes	Arbeitsmentalität der Bevölkerung, Flexibilität, Aktivität und Kompetenz der Unternehmen, wirtschaftliche Netzwerke, Qualität der FuE-Einrichtungen,	
Kultur		Image als Kulturstandort, Kultursponsoring (modern und traditionell, gruppenbezogen)	Soziale Netzwerke, Vereine, Traditionen und traditionelle Veranstaltungen, bestehende Kulturgüter und Nutzungs- bzw. Unterhaltungsmöglichkeiten (Museen, Theater, Kino, etc.)

Abb. 5: Standortfaktoren im Überblick
(Darstellung in Anlehnung an MAIER; BECK 2000: 100/GRABOW; HENCKEL; HOLLBACH-GRÖMIG 1995)

Entscheidend für den Standort sind zudem branchenspezifische Standortfaktoren. Physische Standortfaktoren wie Relief/Klima sind für Erdöl-, Raumfahrtindustrie, Bergbau wichtig. Intensiv Strom konsumierende Aluminiumindustrie, wie in Norwegen, orientiert sich am Energieerzeuger aufgrund günstiger Stromtarife. Aufbereitungsindustrie in der Meereswirtschaft wird die Produktion an den Materialort legen. Für die standortneutrale „Footloose Industry" (Materialien sind Ubiquitäten, der Absatz erfolgt national und international) wie etwa Bekleidungsindustrie oder Elektroartikelvertriebe spielt das Lohnkostenniveau eine Rolle. Standorte werden aufgrund der hierfür meist weniger hohen Arbeitsqualifikation zu niedrigeren Löhnen gerne in der Peripherie bzw. in Niedriglohnländern gewählt (BRÜCHER 1982: 41ff). Abbildung sechs gibt zur internationalen Entwicklung der Arbeitskosten bis 1996 einen Überblick.

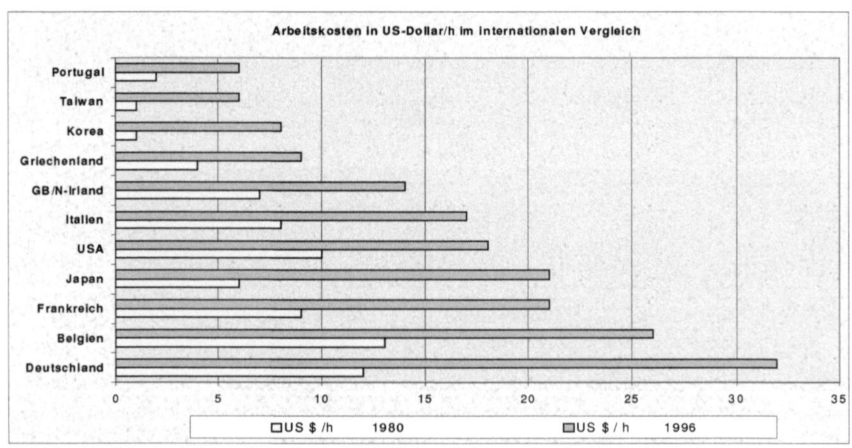

Abb. 6: Arbeitskosten/h (ohne Nebenkosten) in US$ für Arbeiter im Verarbeitenden Gewerbe im Internat. Vergleich (Darstellung nach VOPPEL 1999: 114/Daten des Statist. Bundesamtes 1998)

5.   INDUSTRIESTRUKTUR UND RAUMWIRKSAMKEIT

Nach der Standortwahl ist auch die Unternehmensstruktur des jeweiligen Betriebes raumrelevant. Hierzu zählen insbesondere:

- Einbetriebsunternehmen
- Bindung an Zulieferbetriebe
- Mehrbetriebsunternehmen mit Haupt-/Zweigbetrieben und gegebenenfalls isolierter Hauptverwaltung
- Konzerne und multinationale Konzerne

5.1   Einbetriebsunternehmen

Kleine Firmen bis 49 Mitarbeiter und mittlere Firmen bis 199 Mitarbeiter weisen gegenüber Großunternehmen größere Marktflexibilität, technische Flexibilität sowie weniger Bürokratie auf. Arbeitnehmer haben in überschaubaren Betriebseinheiten oft mehr Spielraum für die Entfaltung von Fähigkeiten und Initiativen, die Identifikation mit dem Betrieb ist daher meist intensiver als in Großbetrieben.

In Städten gelegene Betriebe werden infolge Suburbanisierung, steigender Mieten bzw. Pachten oder Umweltauflagen in periphere Regionen abgedrängt. Kleine Familienunternehmen oder Einmannbetriebe sind für eine Betriebsverlegung oft zu kapitalschwach oder auch unmotiviert und geben auf.

Durch Übernahme ausgegliederter Produktionsschritte von Großunternehmen sichern sich viele Betriebe als vertraglich gebundene Zulieferer den Fortbestand ihres Unternehmens und der Arbeitsplätze.

Unabhängige Betriebe und Zulieferer, speziell im peripheren Raum, bieten Arbeits -und Ausbildungsplätze und geben Impulse für räumliche, wirtschaftliche und soziale Entwicklung bzw. Stabilisierung. Sie sind auch Ausgangpunkt für Existenzgründungen im gewerblichen Bereich (MAIER/BECK 2000: 143ff).

In Entwicklungsländern bestehen heute noch viele autarke Betriebe, die von der Rohstoffbeschaffung bis zum Endprodukt alles selbst fertigen. Fehlende Firmenkontakte begünstigen diese Betriebsstruktur.

5.2   Zulieferbeziehungen

Sie werden unterschieden in vorwärts gerichtete Versorgungsbeziehungen, sog. Forward Linkage und rückwärtige Zulieferbeziehungen, sog. Backward Linkage.

Beispiel für Forward Linkage ist die Erdölraffinerie: Der Rohstoff Erdöl wird in mehrere Produkte aufgespalten, etwa in Benzin, Heizöl, Teer. Diese Produkte dienen dann wiederum als Grundstoffe für komplexere Produkte.

Backward Linkage ist u. a. in der Automobilindustrie mit bis zu ca.60 % und in der Informationstechnologie mit bis zu ca. 80 % von großer Bedeutung (BRÜCHER 1982: 71ff). Einzelteile werden in verschiedenen Zulieferbetrieben gefertigt und dann zur Endmontage in die Großbetriebe geliefert.

Die Großunternehmen machen sich die Spezialkenntnisse der Zulieferer, deren qualifizierte Arbeitskräfte sowie das Lohn- und Preisgefälle vom peripheren zum urbanen Raum zunutze und vermeiden so Investitionen in eigene Anlagen.

Kostenintensive Personalprobleme wie Streiks oder andere betriebliche Sozialprobleme werden dadurch minimiert. Verträge werden oft mit mehreren Zulieferern desselben Produkts geschlossen um gegen Nachschubprobleme abgesichert zu sein. Zulieferfirmen werden so zu „verlängerten Werkbänken" der Großunternehmen.

BRÖSSE (1971: 177ff) stellte fest, dass räumliche Nähe zwischen Zulieferer und Abnehmer dank optimiertem Transportwesen kaum noch eine Rolle spielt.

In den Entwicklungsländern bestehen enge räumliche Bindungen an Groß- unternehmen. Die Industriepolitik fördert z. B. die Ansiedelung ausländischer Automobilfirmen. Ziel ist der Aufbau eines inländischen Zulieferverbundes und schließlich der Aufbau eigenständiger Großunternehmen (BRÜCHER1982: 71ff).

5.3 Mehrbetriebsunternehmen

Für ein expandierendes Unternehmen kann eine **Standortspaltung** in Haupt- und Zweigwerke (Filialen) oder eine **Fusion** mit anderen Unternehmen von Vorteil sein. Die einzelnen Betriebe sind rechtlich unselbständige Tochterunternehmen.

Die Anzahl dieser Industrieunternehmen steigt beständig.

Fusion wie Standortspaltung führen zu einer betriebsinternen Arbeitsteilung.

Die Produktion findet an mehreren Standorten statt. Es ergeben sich u. a. Absatzvorteile, eine Erweiterung und Sicherung der Rohstoffbasis, größere Bau- flächen oder Diversifizierung der Produktion. Standortstreuung bedeutet auch Risikostreuung und kann gegebenenfalls Konjunkturschwankungen auffangen.

Produktionsstrategien können horizontal, vertikal oder diagonal angelegt sein.

Horizontale Produktion: Die Kapazität des Stammwerks ist ausgelastet, eine Expansion vor Ort ist nicht möglich, die Herstellung derselben Produkte erfolgt z.B. in Zweigwerken in der Nähe oder wegen Absatzvorteilen u. a. weiter entfernt.

Die Spezialisierung auf bestimmte Produkte und Rationalisierung soll die Konkurrenzfähigkeit steigern, größere Marktanteile sollen erobert werden.

Das Großunternehmen *IBM* z. B. zielt mit seinen Expansionsbestrebungen auf eine nationale/internationale Monopolstellung ab.

Diagonal strukturierte Unternehmen investieren in verschiedene, Gewinn versprechende Aktivitäten an unterschiedlichen Standorten.

Die Standortwahl richtet sich nach der speziellen Produktion des Zweigwerkes.

Ziel auch hier: Risikostreuung. Eine einheitliche Standortstrategie unterbleibt.

Vertikal strukturierte Unternehmen zielen auf den optimalen Standort im Verbundsystem innerhalb des Mehrbetriebsunternehmens ab und positionieren Zweigwerke am jeweils optimalen Standort hinsichtlich Rohstoffe/Produktion und Kontakt zur Hauptverwaltung. Die Effizienz der Unternehmenssteuerung ist entscheidend. Hauptverwaltungen liegen daher in möglichst hochrangigen Zentren mit entsprechenden informellen und institutionellen Fühlungsvorteilen.

Im politisch-wirtschaftlich zentralisierten Frankreich etwa steuern ca. 80 % aller großen Industrieunternehmen ihre Werke von Paris aus.

Typisch ist die sog. **Verbundwirtschaft**, welche alle Produktionsstufen im Werk koordiniert. Risikostreuung, Umgehung fremder Zwischengewinne, Unabhängigkeit von Zulieferern und von staatlichen Einflüssen (BRÜCHER 1982: 74ff) sollen die Monopolstellung absichern.

Beispiele sind die Stahlerzeuger *Krupp* und *Thyssen*.

Eine **Sonderform ist die vertikal–diagonale Unternehmensstruktur.** Sie vereint oben genannte Standortprinzipien und beherrscht damit ganze Regionen.

Die Zuliefererbindungen sind hier stärker als zu Zweigwerken wie in vertikal strukturierten Unternehmen.

Die Montagewerke von *Ford* arbeiten im Verbundsystem, in welchem jedes Zweigwerk als Zulieferer für ein anderes Zweigwerk fungiert.

5.4 Multinationale Konzerne

Durch Gründung rechtlich eigenständiger Unternehmen im Ausland erfolgt die internationale Dezentralisierung des Konzerns.

Begünstigt wurde diese Entwicklung in den letzten Jahrzehnten durch den rasanten Fortschritt in der Kommunikationstechnik und im Transportwesen.

Gründe für Auslandsniederlassungen sind Rohstoffquellen, niedrige Löhne, sozialer Friede, Fördermaßnahmen des Gastlandes, Steuervorteile, günstige Absatzbedingungen und Risikoabsicherung durch Standortstreuung und Parallelproduktion. Die Betriebe profitieren unter Umständen auch von einer Politik der Importsubstitution und erzielen mangels Konkurrenten höhere Produktpreise.

Konzernstrategien unterscheiden sich auf den Ebenen der Produktion, der Organisation und des Standortes:

- Die einzelnen Tochterunternehmen mit Standorten in verschiedenen Ländern können für die Endmontage im Stammwerk produzieren.

- Das Stammwerk pflegt bilaterale Beziehungen mit den einzelnen, weitgehend eigenständigen Tochterunternehmen. Diese können selbst zu Großunternehmen werden wie etwa *Opel* gegenüber *General Motors*.
- Ein Werk kann für verschiedene Konzerne produzieren, so z. B. Motoren in Douvrin/Frankreich für *Peugeot, Volvo,* und *Renault* (BRÜCHER 1982: 83ff).
- Die vertikale Unternehmensstruktur kann auf verschiedene Länder übertragen werden. So baut etwa der Aluminium-Konzern *Kayser* in Jamaika Bauxit ab, reichert es in einem US-Hafen zu Tonerde an, verhüttet es in Ghana und lässt die Endverarbeitung schließlich in Industriestaaten erfolgen (BROWAEYS 1974: 148).

6. INDUSTRIELLE STANDORTENTWICKLUNG IN INDUSTRIENATIONEN UND ENTWICKLUNGSLÄNDERN UND SOZIALRÄUMLICHE AUSWIRKUNGEN

6.1 Monozentrische Verdichtungsräume

Die Sogkraft, die florierende Unternehmen eines Zentrums auf die Bevölkerung im Umland und weitere Industriezweige ausüben, setzt ein Anstieg der Zuzüge, Wohnraumverdichtung, vermehrte Neubaugebietsausweisungen, Schaffung weiterer Industrieareale und Versorgungseinrichtungen des tertiären Sektors in Gang.

Im verdichteten Raum ist die Unternehmensexpansion allerdings begrenzt und es setzt ein harter Verdrängungswettbewerb ein. Diese sog. Push and Pull - Faktoren führen zur Stilllegung von Betrieben oder Auslagerung der Produktion oder auch des gesamten Betriebes in die Peripherie mit erneutem Verdichtungsprozess rund um den Stadtkern. Die Unternehmensverwaltung von Großbetrieben bleibt häufig im Zentrum. Oberzentren wie München oder Sydney in Australien sind Beispiele für konzentrisch gewachsene Städte (BRÜCHER 1982: 139).

Im ursprünglichen Stadtkern erfolgt sukzessive eine Bevölkerungsabnahme durch Arbeitsplatzverlust und Fortzüge. Die Stadtplanung sieht sich also in der Notwendigkeit, Maßnahmen zur Verhinderung von Abwanderung zu treffen. Soziokulturelle wie administrative Umstrukturierungen (vgl. MAIER/BECK 2000: 118) des Zentrums und Klärung der Nachfolgenutzungen für Industriebrachen stehen bei der weiteren Stadtentwicklungsplanung zur Diskussion.

6.2   Polyzentrische Verdichtungsräume

Altindustrialisierte Regionen wie der Nordosten Englands, das Ruhrgebiet in Deutschland oder Nordfrankreich zählen zu diesen Agglomerationsräumen.

Typische Branchen waren der Kohlebergbau, die Stahl- und Werftindustrie und sind heute zunehmend Textil-, Glas- und Porzellanindustrie.

Zechen- und Kolonienbau der Kohlebergbaugebiete etwa orientierten sich an der geologischen Lage der Flöze, überwucherten so historisch gewachsene Städte wie Dortmund oder Lille in Frankreich (BRÜCHER 1982: 147) unter Ausbildung bänderförmiger Siedlungsstrukturen.

Kennzeichen dieser Räume heute sind:

- Frühe Industrialisierung

- Branchen in einer späten Phase oder am Ende des Produktlebenszyklus

- Monostruktur, einseitig ausgerichtete Arbeitsqualifikationen

- Unternehmenskonzentrationen/–fusionen, Großunternehmen teilweise mit politischen Einfluss, jedoch mit strukturellen und konjunkturellen Problemen

- Unterbesatz an unternehmensnahen Dienstleistungen

- Strukturelle Arbeitslosigkeit, Abwanderung und soziale Erosion

- Altlast – Probleme, Brachflächen

- Internationaler Konkurrenzdruck, auch von Seiten der Schwellenländer

- Gesättigte Märkte und geringes Potenzial innovativer Branchen.

Wirtschaftspolitisch kann die Inwertsetzung der Regionen u. a. bei Ansiedelung neuer Unternehmen, bei Um- und Wiedernutzung, bei der Kulturpflege (Stadt-/ Regionalmarketing) durch Fördergelder unterstützt werden (vgl. MAIER; BECK 2000: 124ff).

6.3   Industrie im peripheren Raum

Einbetriebsunternehmen und Zweigwerke von Mehrbetriebsunternehmen (s. Kapitel fünf) bewirken positive regionale Entwicklungseffekte:

- Schaffung von Arbeits- und Ausbildungsplätzen in Klein- und Mittelbetrieben. Arbeitsmöglichkeiten für freigesetzte Beschäftigte aus der Landwirtschaft und meist geringe Fluktuation.

- Spezialisierung, hohe Arbeits- und Ausbilderqualifikation.

- Initiierung weiterer Existenzgründungen und Diversifizierung des industriellen bzw. gewerblichen Bereichs (z. B. Agrartechnik).

- Verbesserung und Stabilisierung sozioökonomischer Strukturen.

- Bessere Integration der Betriebe und ihrer Unternehmer im sozialen Gefüge (viele kennen viele), daher Identifikation mit der Region, Engagement sozialpolitisch und/oder wirtschaftlich im Interesse aller Beteiligten.

Zweigwerke unterliegen oft gleichzeitig einem gewissen Zentralisierungsprozess und werden zunehmend zu monostrukturellen Produktionsstätten und setzen damit weniger Entwicklungsimpulse für ländliche Räume
Landwirtschaftliche Flächenstilllegung führt häufig zur Umwandlung in günstiges Bauland, zu Wanderungsbewegungen wie dem Zuzug städtischer Bevölkerung und Berufspendlerverkehr. Gewerbesteuereinnahmen (BRD) und bessere Einkommensverhältnisse ziehen Ortssanierungen und Umbau von Altbausubstanz nach sich. Kulturlandschaftlich erfahren Ort und Umland eine allmähliche Verstädterung.
Parallel zu betriebsstrukturellen Entwicklungen ändert sich die Bodennutzung: Vollerwerbsbetriebe spezialisieren sich auf Veredelungswirtschaft/Vergrünlandung und vergrößern Landwirtschaftsflächen durch Pacht/Kauf stillgelegter Flächen.

6.4   Industrie in Entwicklungsländern

In diese Länder wurden Industriezweige in den letzten Jahrzehnten in wirtschaftlich rückständige Gebiete bzw. Städte sozusagen importiert. Die Bevölkerung blieb einerseits ihren traditionellen Lebensformen verhaftet, wurde andererseits aber von den neuen Einkommensmöglichkeiten stark angezogen (BRÜCHER 1982: 147ff). In der Folge traten Land-Stadt-Wanderungsprozesse ärmster Bevölkerungsschichten ein, die hier ein Auskommen zu finden hofften.
Der Globalisierungsprozess in Lateinamerika etwa, begünstigt durch eine neoliberale Wirtschaftspolitik seit den 1990er Jahren, zeigt sich im ungehinderten Transfer von Kapital, Waren, Ressourcen, Technologien und Informationen, aber auch von urbanen Nutzungsmustern (vgl. Scholz 2000: 256). Die Metropolen und Megastädte zeigen ökonomische Polarisierung und sozialräumliche Fragmentierungserscheinungen. Wichtigste Phänomene sind die Ausdehnung und Neuentstehung von CBDs (Central Business Districts) wie in Rio de Janeiro oder Lima, Tertiärisierung, Segregation, Ghettoisierung und steigende Kriminalität (MERTINS 2003: 46ff).
Für die Industriestaaten wurde auch China seit seiner Wirtschaftsreform 1978, (Öffnung für den internationalen Handel) ein interessanter Markt. China steht an

vierter Stelle der Empfängerländer von Direktinvestitionen. Kollektiv- und Privatunternehmen sowie „Joint Ventures" und Unternehmen, die mehrheitlich von ausländischem Kapital dominiert sind, begründeten hier den wirtschaftlichen Aufschwung. Zunehmende Arbeitslosigkeit und Einkommenseinbußen in den Provinzen, auch durch ineffiziente Landwirtschaft bedingt, verursachten eine Land-Stadt-Wanderung in die Wirtschaftsmetropolen Beijing, Shanghai und in die Küstenstädte (MAIER/BECK 2000: 167ff).

6.5 Nutzungskonflikte und Umweltschutzauflagen

Die industrielle Entwicklung führte in den letzten Jahrzehnten zu schwerwiegenden Umweltbelastungen wie etwa starke Gewässer-, Boden- und Luftverschmutzung. Umweltschutzauflagen von Seiten des Gesetzgebers wie das Bundesimmissionsgesetz/BRD bringen für Unternehmen finanzielle Belastungen mit sich, wie etwa durch den Einbau von Filtern, Verbesserungen für den Gewässerschutz oder die sachgerechte Entsorgung von Giftmüll.

Nutzungskonflikte können die Ansiedelung von Industrie verhindern, eine andere Standortwahl oder Standortspaltung bewirken.

Umweltbelastende Produktionsschritte können in Länder verlagert werden, die weniger restriktive Umweltschutzauflagen haben.

Die Umweltschutzproblematik hat zur Entwicklung bzw. Weiterentwicklung von Umweltschutztechnologien beigetragen.

Die Möglichkeit an Zertifizierungsmaßnahmen umweltfreundlich hergestellter Produkte wie dem EU-Öko-Audit teilzunehmen stärkt das Firmenimage im positiven Sinne (MAIER/BECK 2000: 252ff).

7. WIRTSCHAFTSPOLITIK UND RAUMPLANUNG: EINFLUSSFAKTOREN AUF DIE INDUSTRIELLE STANDORTWAHL UND STANDORTSTRUKTUR

7.1 Wirtschaftspolitik und Raumplanung auf nationaler Ebene

Ziele von Wirtschaftspolitik und Raumplanung sind Steigerung der industriellen Produktion, Entflechtung von Verdichtungsräumen, Wirtschaftsbelebung, die Sanierung strukturschwacher Gebiete sowie eine Steigerung der Lebensqualität.

Flächenförderung mit Ansiedlung jeder Art von Industrie in einem bestimmten Areal wird z.B. in Frankreich praktiziert. Deutschland fördert schwerpunktmäßig Bundesländer mit Strukturproblemen und nach Dringlichkeit wie das Saarland. Materielle Anreize zur Ansiedlung von Industrieunternehmen können durch folgende Maßnahmen gefördert werden (BRÖSSE 1971: 177ff):

- Räumliche Differenzierung steuerlicher Lasten
- Räumlich gezielte direkte Finanzhilfen (u. a. günstige Kredite, Bürgschaften)
- Räumlich gestufte Tarife (z.B. Stromausnahmetarife für Aluminiumindustrie)
- Bevorzugte Vergabe öffentlicher Aufträge an Firmen in Fördergebieten

Weiterhin wird zur Erleichterung der Ansiedlung von Industrie vorab gezielt Bauland voll erschlossen und zu günstigen Preisen angeboten und in seiner künftigen Infrastruktur bzw. in seiner Zusammensetzung festgelegt:

- Industrieparks (Industrial Estates): Handwerker- und Industriepark, verbilligte Grundstücke von öffentlichen/privaten Trägern, die an besondere Bedingungen der Träger gebunden sind (Bebauung, Verwendung). Dieses Prozedere findet häufig in Entwicklungsländern seine Anwendung.
- Gewerbe- und Handwerkerhöfe: Instrument von Groß- und Mittelstädten, wird häufig zur Bestandserhaltung des ortsansässigen Mittelstandes und für Gründungen kleiner Betriebe gewählt.
- Technologie- und Gründerzentren (TGZ): Instrument der lokalen und regionalen Wirtschaftsförderung in der BRD. Die Standortgemeinschaft von jungen produktinnovativen Unternehmen profitiert von informellen Kontakten, Kontakten zu FuE-Einrichtungen, betriebswirtschaftlicher Beratung, Werbung und dem positiven Image des TGZ.
- Enterprise Zones: Rückzug staatlicher Reglements und Kontrollen. In abgegrenzten Gebieten sind bestimmte Gesetze wie Bau-, Umwelt- oder Arbeitsrecht zugunsten des Unternehmers eingeschränkt oder aufgehoben. Beispiel: Die Freihandelszone Singapur.
- Science Parks: Hier soll die Gründung von auf Wissen basierenden Unternehmen gefördert werden. Wird als Kooperation mit Universitäten und mit FuE-Einrichtungen und in räumlicher Nähe angeboten. Der Technologie- und Wissenstransfer wird von motivierten, leistungsfähigen und kreativen Teams gesteuert. Beispiel: Silicon Valley/USA (vgl. MAIER/BECK 2000: 185ff).

7.2 Wirtschaftspolitische Instrumente auf kontinentaler Ebene (Supranationale Zusammenschlüsse)

Hierbei steht der Abbau von Handelsbehinderungen zwischen einer Gruppe von Ländern im Vordergrund. Staatlich übergreifende Kooperationen können sein:

- Präferenzzone: Die Mitgliedsländer vereinbaren für alle gehandelten oder ausgewählten Güter Zollsenkungen. Beispiel: ASEAN - Mitgliedsländer
- Freihandelszone: Handelsbeschränkungen wie Zölle, Kontingente zwischen Mitgliedsländern fallen weg. Beispiel: EFTA - Mitgliedsländer
- Zollunion: Gemeinsamer Außenzoll von Mitgliedern gegenüber Nichtmitgliedern. Beispiel: MCCA (Gemeinsamer Markt Zentralamerikas)
- Gemeinsamer Markt: Verzicht auf Handelsbeschränkungen für Güter/ Dienstleistungen und auf Mobilitätsbeschränkungen für Produktionsfaktoren (Arbeit, Kapital, technisches Wissen). Beispiel: „Gemeinsamer Markt des Südens" MERCOSUR (Argentinien, Brasilien, Paraguay, Uruguay).
- Wirtschafts–Währungsunion: Freie Mobilität von Gütern, Dienstleistungen und Produktionsfaktoren, Harmonisierung der nationalen Wirtschaftspolitiken der Mitglieder. Beispiel: Europäische Union (vgl. Schätzl, 1994: 99ff).

7.3 Wirtschaftspolitische Instrumente auf internationaler Ebene

Das nach dem zweiten Weltkrieg geschaffene Allgemeine Zoll –und Handelsabkommen (General Agreement on Tarifs and Trade = GATT), bzw. seit 1995 die Welthandelsorganisation WTO (World Trade Organisation), schufen neue wirtschaftspolitische Rahmenbedingungen. Wichtigste Elemente sind:

- Handelshemmnisse werden durch Zollsenkungen abgebaut
- Bilateral vereinbarte Zollvergünstigungen sind allen übrigen Vertragspartnern zu gewähren (Diskriminierungsverbot)
- Verbot mengenmäßiger sowie Einführung neuer Handelsbeschränkungen

Zudem wurde nach dem Zusammenbruch des Weltwährungssystems 1973 die Deregulierung des internationalen Kapitalmarkts eingeführt (vgl. Schätzl, 1994: 59ff).

8. GLOBALISIERUNG VON WIRTSCHAFTSSYSTEMEN

8.1 Der Übergang vom Fordismus zum Postfordismus

Henry Ford perfektionierte das System der industriellen Arbeitsteilung Ende des 19. Jh. in der amerikanischen Automobilproduktion („Fordismus"). Homogene Produkte wurden in Massenfertigung hergestellt. Ziel war die Senkung der Stückkosten (Economies of Scale) durch weitgehende Mechanisierung des Produktionsprozesses und große Lagerbestände (SCHÄTZL 2001: 223). Marktsättigung und Überproduktion führten später zum Einbruch der Erträge bzw. der Kapitalrenditen, wie es insbesondere während der Ölkrise 1973 zu beobachten war (MAIER/BECK 2000: 12).

Seither führten veränderte und stark variable Kundenwünsche, zunehmende Produktvielfalt und immer kürzere Produktlebenszyklen zur Spezialisierung und Kleinserienproduktion technologieintensiver Produkte, was mit Hilfe hochflexibler Mehrzwecktechnologien umgesetzt werden konnte.

Die Unternehmen streben mittlerweile „Economies of Scope", d. h. Kostenvorteile durch flexible Produktion, an. Lean Production, also geringe Fertigungstiefen, wenig Lagerhaltung, dezentrale Koordination, Qualitätskontrolle und termingerechte Produktion, sowie ein Lean Management, d. h. „verschlankte Hierarchien", sind gefordert (SCHÄTZL 2001: 223f).

Fordistische und Postfordistische Unternehmensorganisation werden in Abb. 7 am Beispiel der Automobilindustrie gegenübergestellt.

	Fordistisch-tayloristisches Modell	Postfordistisches Modell
Produktions-ablauf	<ul><li>Komplexe, starre Einzwecktechnologien</li><li>hohe vertikale Integration (Fertigungstiefe)</li><li>funktional u. räumlich lockere Beziehungen zu Lieferanten</li><li>viele direkte Zulieferer</li><li>große Lagerhaltung</li><li>Fließband</li></ul>	<ul><li>Mehrzwecktechnologien, schnelle, kosten günstige Umstellung auf neue Produkte</li><li>abnehmende vertikale Integration</li><li>funktional organisierte Zuliefersysteme (Single, Modular und Global Sourcing)</li><li>starke Abnahme der Zahl der Direktlieferanten, just-in-time-Anlieferung</li><li>geringe (störanfällige) Lagerhaltung</li><li>Fließband u. Arbeitsgruppen</li></ul>
Arbeits-ablauf	<ul><li>Entwicklung der Produkte durch qualifizierte Arbeitskräfte, Fertigung durch an- u. ungelernte Arbeitskräfte am Fließband (Arbeiten in vorgegebener Folge), Trennung von Fertigung, Qualitätskontrolle u. Wartung</li></ul>	<ul><li>Entwicklung in Gruppen, Gruppenarbeit, Integration von Fertigung, Qualitätskontrolle. Wartung u. Reparatur, steigende Anforderungen an die Qualifikation der Arbeitskräfte</li></ul>
Produkte	<ul><li>Standardisierte Produkte, hohe Stückzahlen, wenig Produktdifferenzierung,</li><li>Economies of Scale</li></ul>	<ul><li>zunehmende Produktdifferenzierung</li><li>Economies of Scope</li></ul>
Wettbewerb	<ul><li>Oligopol</li></ul>	<ul><li>Oligopol und strategische Allianzen</li></ul>
Produktions-standorte	<ul><li>Nordamerika, Europa, Lateinamerika</li></ul>	<ul><li>Europa, Nordamerika</li></ul>

Abb. 7: Produktions- und Arbeitsabläufe in der Automobilindustrie.
(Darstellung nach MAIER/BECK 2000: 15/Dicken 1992: 282)

8.2 Globalisierung von Produktionsnetzen und Standortsystemen

Globalisierung bewirkt Intensivierung politischer, gesellschaftlicher und wirtschaftlicher Kontakte zwischen Staaten, Gesellschaften und Unternehmen.

Neue wirtschaftspolitische Rahmenbedingungen (s. Kapitel 7.3) führten zur

- Globalisierung der Gütermärkte, handelspolitische Liberalisierung,
- Globalisierung der Finanzmärkte, Deregulierung der Kapitalmärkte und zur
- Globalisierung der Produktion und Produktionssysteme.

Entwicklungen in der IT-Branche begünstigten kostenminimierte Waren- und Informationstransporte. Direktinvestitionsmöglichkeiten, günstigere Steuer- und Umweltschutzgesetzgebung sowie erleichterte Wettbewerbsauflagen einiger Länder bieten weitere Investitionsanreize.

Nordamerika, Westeuropa und asiatische Regionen sind bevorzugte Anlageregionen für Direktinvestitionen. Diese Regionen gewinnen die Kontrolle über Finanzwege, Absatzwege und neue Produktionsstandorte. Eine Ausbildung von Wirtschaftsblöcken war die Folge. Momentan kann von einer durch Direktinvestitionen geschaffenen Dreierordnung, auch als „Triade" bekannt, bestehend aus Nordamerika, Europa und Ostasien, gesprochen werden.

Wichtigster Motor der Globalisierung sind die multinationalen Konzerne. Globaler Wettbewerb und globale Standortkonkurrenz sind zentrale Merkmale. Globale Vermarktung von Waren gleichen Standards und Designs berücksichtigt länderspezifische Bedürfnisse. *Ford* vertreibt die an verschiedenen Produktionsstandorten (Belgien, USA) hergestellte Marke „Mondeo" weltweit mit unterschiedlichem Namen und unterschiedlicher Karosserie.

Wird weltweit die gleiche flexible Produktionstechnik eingesetzt, kann die Produktion einzelner Modelle kurzfristig zwischen den Werken verlagert werden.

Der Wettbewerb verläuft über Preisniveau und technische Innovationen. Kompetenzzentren sind untereinander vernetzt. Zentralisierte Hierarchien und geringere Kontrollierbarkeit dezentraler Koordinationsformen auf unüberschaubaren Märkten haben zur Ausbildung „Strategischer Allianzen" geführt. Mit diesem partnerschaftlichen Unternehmenskonzept erhoffen sich die Partner eine Verminderung/ Teilung der FuE-Kosten, Zugang zu Technologiekonzepten des Partners, Zugang zu neuen Märkten, hochqualifiziertem Personal und finanziellen Ressourcen.

Neue, dem globalen Wettbewerb angepasste Produktionsmethoden haben zum Ziel mit geringerem Eigenaufwand schneller und besser produzieren zu können.

Die Konzepte werden z. B. in „fraktalen Unternehmen" eingesetzt: Gruppen/Teams - die Fraktale - steuern den jeweiligen Produktionsprozess in Abstimmung mit anderen Fraktalen der Fabrik. Die Bauweise erfolgt in Modulen. Auf Änderungen im Produktionsverlauf kann durch computergesteuerte Prozessabläufe schneller eingegangen werden.

Just-in-time-Fertigung bzw. Lean Production ermöglichen eine produktionssynchrone Beschaffung, montagesynchrone Fertigung und absatzsynchrone Montage (vgl. MAIER/BECK 2000: 17ff).

8.3   Fallbeispiel Siemens AG

Aus den 1847 in Berlin gegründeten Siemens & Halske AG, damals eine Telegraphenbauanstalt, entstand im 19. Jh. durch Niederlassungen in Russland, Argentinien und England bereits ein Vertriebsnetz. Nächster Schritt war der Aufbau von Produktionsanlagen im Ausland um Handelsbeschränkungen mit den jeweiligen Ländern zu umgehen und diese wichtigen Märkte zu halten. Ende des 19. Jh. folgten Zweigwerke in Finnland, der Schweiz und den Niederlanden, nach dem zweiten Weltkrieg das nicht–europäische Ausland, insbesondere die USA.

Durch Eingliederung weiterer Firmen entstand 1966 die Siemens AG. Siemens, mit Schwerpunkt in der Elektrotechnik, gehört heute zu den weltweit größten Unternehmen mit Produktionsstätten in mehr als 50 Ländern. Vor allem in Asien (China, Philippinen und Thailand) konnte Siemens seine Position ausbauen. Der Auslandsanteil am Umsatz lag 1997 bei 69 % (vgl. KROSS 1997: 32, SIEMENS AG 1998). In Deutschland ist das Inlandsgeschäft durch die schwache Investitionsgüterkonjunktur rückläufig zudem schloss die Deutsche Telekom die Netzdigitalisierung weitgehend ab.

Mittlerweile entstehen Forschungseinrichtungen im Ausland, um der dortigen Konkurrenz entgegenzuwirken.

Um den Innovationsprozess zu unterstützen schuf Siemens 1997 eine Zentralstelle mit multimediafähigem Kommunikations- bzw. Informationsnetz, um weltweit schnellen Zugriff auf Wissensressourcen zu gewährleisten. Ein „Netzwerk der Kompetenzen" erfasst alle Fachleute zu allen Technikproblemen und macht diesen Wissenspool global verfügbar (MAIER/BECK 2000: 29ff).

9.   FAZIT

Neben den naturräumlichen Strukturen und Ressourcen sind politische und soziokulturelle Faktoren sowie Industriebetriebe mit ihrer jeweiligen Struktur Standort bildend. Diese sekundär erzeugten Standortfaktoren bewirken eine Neustrukturierung des Raums.

Mit der Unternehmensgröße steigen die Ansprüche an den Standort.

Kleine und noch kapitalschwache Firmen sind auf wirtschaftspolitische Fördermaßnahmen angewiesen, sie sind räumlich und sozial gebunden.

Mit zunehmender Expansion/geschäftlichem Erfolg ist der Unternehmer in der Lage seine Standortwahl Vertretern von Politik und Raumplanung vorzugeben. Die vom Unternehmen geschaffenen Standortfaktoren und Standortvorteile zeigen den Unternehmer jetzt als Macher und nicht mehr als Bittsteller.

Große, kapitalstarke Firmen werden Standorte verlegen, wenn fiskalische Bedingungen dies geraten sein lassen, zumal qualifiziertes Personal und weitere Produktionsfaktoren mobil sind oder andernorts günstiger zu beschaffen sind.

Aufhebung von Handelsbeschränkungen auf nationaler und internationaler Ebene führen bei ungünstiger innenpolitischer Lage (Steuern, Flächen, Auflagen etc.) also auch zum Abfluss geistigen und soziokulturellen Kapitals.

Gewinner im internationalen Standortwettbewerb sind die multinationalen Konzerne, die unter Oligopolbildung den „Markt" beherrschen. Unter Ausnutzung lückenhafter Gesetzesgrundlagen in Entwicklungs- und Schwellenländern geben sich Standortvorteile und Standortnachteile die Hand. Importierte High Tech-Produktion schaffen insbesondere in Entwicklungsländern für einen bescheidenen Zeitraum Entwicklungsimpulse. Bei ungenügender wirtschaftspolitischer Lenkung in diesen Ländern fallen diese Impulse aber nach Kapitalabfluss und Abfluss von Know How wieder in sich zusammen. Resultat ist eine naturräumlich wie soziokulturell zerrüttete Region.

Im Interesse des jeweiligen Landes muss die Politik unverzichtbarer Partner für die Industrie werden. Das Kredo heute lautet: Weg von Struktur erhaltender Politik und hin zu innovations- und wachstumsorientierter Politik. Auf kommunaler und nationaler Ebene sollten FuE- Einrichtungen, Kompetenzzentren, hochwertige Datennetze und andere technologische Errungenschaften, d.h. der Ausbau moderner Infrastruktur generell gefördert werden. Altindustriellen Regionen müssen notwendigerweise Entwicklungsimpulse erhalten. Daher sollten auch die

Steuerpolitik und die Gesetzgebung nationale wie international-globale Marktanforderungen berücksichtigen und entsprechend werten.

Der Nachschub an qualifiziertem Personal muss über Bildungs- und Weiterbildungsmaßnahmen forciert werden. Hierzu gehört ein international wettbewerbsfähiger Bildungsstandort im Schul- und Hochschulbereich. Dies könnte die Abwanderung von Industrie und einen generellen „Brain Drain" stoppen.

Im Brennpunkt des globalen Güteraustausches stehen auch wirtschaftspolitische Rahmenbedingungen. Diesen Entwicklungen immer wieder angepasste internationale handelspolitische Ordnungen könnten nationale Wirtschaftsstrukturen und Wirtschaftsstandorte z. B. vor Lohn-, Preis-, Sozial- und Umweltdumping schützen und Abhängigkeitsbeziehungen, die zwischen Entwicklungsländer und Industrienationen eintreten können, reduzieren und die Zusammenarbeit verbessern.

10.   LITERATUR

BRÜCHER, W. (1982): Industriegeographie. Das Geographische Seminar. Braunschweig.

BRÖSSE, U. (1971): Regionalpolitische Konsequenzen aus einer Standortuntersuchung über
die Zulieferindustrie. In: IIR 21. S.177-183

BROWAEYS, E. (1974): Introduction á l`étude des firmes multinationales.
In: AG 83, 1974, S. 141-172

CHRISTALLER, W. (1933): Die zentralen Orte in Süddeutschland. Eine
ökonomischgeographische Untersuchung über die Gesetzmäßigkeiten der Verbreitung
und Entwicklung der Siedlungen mit städtischen Funktionen. Jena.

CLARK, C. (1940): The Conditions of Economic Progress. London.

DICKEN, P. (1992): Global Shift. The Internationalization of economic activity. London.

GRABOW, B.; HENCKEL, D.; HOLLBACH-GRÖMIG, B. (1995): Weiche Standortfaktoren.
Schriften des Deutschen Instituts für Urbanistik, Bd. 89. Berlin.

KONDRATIEFF, N.D. (1926):   Die langen Wellen der Konjunktur. In: Archiv für
Sozialwissenschaft und Sozialpolitik. Bd. 56. Tübingen. S. 573 – 609

KROSS, E. (1997): Siemens als „global Player". Ein transnationales Unternehmen. In:
Geographie heute, 155. Seelze. S. 32-36

LÖSCH, A. (1944): Die räumliche Ordnung der Wirtschaft. Jena.

MAIER, J.; BECK, R. (2000): Allgemeine Industriegeographie. Stuttgart.

MERTINS, G. (2003): Jüngere sozialräumlich-strukturelle Transformation in den
Metropolen u. Megastädten Lateinamerikas. In: BORK, H.-R.; BUSCHE, D. et al (Hrsg.):
Petermanns Geographische Mitteilungen, PGM, für Geo- und Umweltwissenschaften /
Begr. [August] Petermann. 147. Jahrgang, S. 46-55, 2003/4. Gotha.

ROSTOW, W. (1960): Stadien wirtschaftlichen Wachstums: eine Alternative zur
marxistischen Entwicklungstheorie. Göttingen.

SCHÄTZL, L. (1994): Wirtschaftsgeographie 3. Politik. 3. Aufl.. Paderborn, München,
Wien, Zürich.

SCHÄTZL, L. (2001): Wirtschaftsgeographie 1. Theorie. 8. Aufl.. Paderborn, München,
Wien, Zürich.

SIEMENS AG (1998): Geschäftsbericht `97 der Siemens AG. München.

SCHOLZ, F. (2000 a): Globalisierung versus Fragmentierung. Eine
regionalwissenschaftliche Herausforderung? In: Deutsches Übersee-Institut Hamburg
(Hrsg.): NORD-SÜD aktuell. Vierteljahreszeitschrift. für Nord-Süd u. Süd-Süd-
Entwicklungen, 14 (2), Hamburg. S. 255 – 271

SCHUMPETER, J. (1939): Business Cycles. 2 Bde. New York, London.

STATISTISCHES BUNDESAMT (Hrsg.) (1998): Statistisches Jahrbuch 1998 für das
Ausland. Wiesbaden.

VOPPEL, G. (1999): Wirtschaftsgeographie. Räumliche Ordnung der Weltwirtschaft unter marktwirtschaftlichen Bedingungen. Teubner Studienbücher Geographie. Stuttgart.

WAGNER, H.-G. (1981): Wirtschaftsgeographie. Braunschweig.
Reihe: Das Geographische Seminar.

WEBER, A. (1909): Über den Standort der Industrie.
1. Teil: Reine Theorie des Standorts. Tübingen.

WESTERMANNS LEXIKON DER GEOGRAPHIE (1968), Bd. 2. S. 527

## 11.	ABBILDUNGSVERZEICHNIS